MÉTHODE
DE LECTURE
Par Ed. Gachet,

Principal du Collége de Lille,

NOUVELLE ÉDITION.

Lille,

IMPRIMERIE DE BLOCQUEL-CASTIAUX, GRANDE PLACE, 15.

1842

TABLEAU N.º 1.

1. a b c d e f

2. g h i j k l

3. m n o p q r

4. s t u v x y z.

5. a c e o s r

6. i m n u v z x

7. b d h k l f

8. t g j p q y.

TABLEAU N.º 2.

SONS SIMPLES.

1. a. é. è. e. i, y. o. u.

Consonnes avec le Son E.

2. pe. be.

3. te. de.

4. me. ne - gne.

5. re.   le.

6. ke, que.   gue.

7. se, ce.   ze.

8. che.   je, ge.

9. fe, phe.   ve.

10. he.

11. xe.

TABLEAU N.° 3. — Sons Simples.

Lire dans l'ordre suivant : a. . .ba, é. . .bé, è. . .bè, etc. ; puis a. . .ab, etc. ; puis , chaque ligne horizontalement. Quand le Tableau est su , intervertissez cet ordre et celui des Numéros.

1.	a.....ba.....ab.	pa.....ap.	ma.....am.
2.	é.....bé..... »	pé..... »	mé..... »
3.	è.....bè.....eb(*)	pè.....ep.	mè..... »
4.	e.....be..... »	pe..... »	me..... »
5.	i.....bi.....ib.	pi..... »	mi.....im.
6.	o.....bo.....ob.	po.....op	mo..... »
7.	u.....bu.... »	pu.....up.	mu..... »

(*) Faites remarquer que l'*e* muet ainsi placé devient ouvert.

8. i............... pi........ é-pi.

9. e............... me........ a-me.

10. i............... mi...... a-mi.

11. a............... pa-

12. e............... pe........ pa-pe.

13. i............... pi-

14. e............... pe........ pi-pe.

15. i............... bi-

16. e............... me...... a-bi-me.

17. a............... ma...... ma pi-pe.

TABLEAU N.º 4. — Sons Simples.

1. a......da......ad.	ta......at.	la......al.
2. é......dé...... »	té...... »	lé...... »
3. è......dè...... »	tè...... »	lè......el.
4. e......de...... »	te...... »	le...... »
5. i......di...... »	ti...... »	li......il.
6. o......do...... »	to...... »	lo......ol.
7. u......du...... »	tu...... »	lu......ul.

8. a............... l'a-

9. i............... mi...... l'a-mi.

10. u............... du-
11. e............... pe....... du-pe.
12. u............... tu-
13. i............... li-
14. e............... pe....... tu-li-pe.
15. a.......al....... bal...... bal.
16. ê(*)............. tê-
17. u............... tu....... tê-tu.
18. a............... ma-
19. a............... la-
20. e............... de....... ma-la-de.

(*) Faites prononcer l'é fermé long.

TABLEAU N.º 5. — Sons simples.

Faites remarquer que le *c* prend une cédille devant *a, o, u.*

1. a......za......az.	sa......ça.	ra......ar.
2. é......zé...... »	sé......cé.	ré...... »
3. è......zè......ez.	sè......cè.	rè......er.
4. e......ze...... »	se......ce.	re...... »
5. i......zi...... »	si......ci.	ri......ir.
6. o......zo...... »	so......ço.	ro......or.
7. u......zu...... »	su......çu.	ru......ur.

8. o......or......zor......a-zor.

9. u......ur......mur.

10. a...............sa-
11. a...............la-
12. e...............de.......sa-la-de.
13. è...............es-
14. è...............pè-
15. e...............re........es-pè-re!
16. u.....ur.....zur......a-zur.
17. a...............ar-
18. e...............me.......ar-me.
19. i...............mi
20. è......er......per-
21. u.... ....du......a-mi per-du.

TABLEAU N.° 6. — Sons Simples.

1. a.............. ad-
2. i.............. mi-
3. é.............. ré...... ad-mi-ré.
4. è.............. er-
5. i.............. mi-
6. e.............. te...... er-mi-te.
7. e.............. ce
8. a......ar...... tar-
9. a.............. ta-
10. e.............. re...... ce tar-ta-re.

11. a............... sa
12. è.. ....er....... per-
13. e............... te....... sa per-te.
14. a............... sa-
15. e............... me-
16. i............... di...... sa-me-di.
17. i............... il
18. e............... me
19. è...... er ..... ber-
20. a............... ça....... il me ber-ça.
21. o..... or..... por-
22. e............... te...... por-te.

TABLEAU N.º 7 — Sons Simples.

Faites remarquer la lacune devant *é , è , e , i.*

1. a.....ca.....ac.	ka.....ak.	qua.
2. o.....co.....oc.	ko..... ,,	quo.
3. u.....cu.....uc.	ku..... ,,	qu'u.
4. é...... »..... »	ké..... ,,	qué.
5 è...... ».....ec.	kè..... ,,	què
6. e......,,..... ,,	ke..... ,,	que.
7. i......,,.....ic.	ki.....ik.	qui.....iq.

8. o............... co-

9. e............... le....... é-co-le.

10. a............... qua-

11. i .... li-

12. é............... té....... qua-li-té.

13. u......ul....... cul-

14. e............... te....... cul-te.

15. è......es....... res-

16. è......ec....... pec-

17. é............... té....... res-pec-té.

18. i............... ki-

19. o.............. os-

20. e.............. que.... ki-os-que.

21. a.......ac...... tac-

22. i............... ti-

23. e............... que.... tac-ti-que.

TABLEAU N.° 8. — Sons Simples,

1. a......va.	fa......af.	pha.	xa......ax.
2. é......vé	fé..... »	phé.	xé...... »
3. è......vè.	fè......ef.	phè.	xè......ex.
4. e......ve.	fe...... »	phe.	xe..... »
5. i......vi.	fi......if.	phi	xi......ix.
6. o.....vo.	fo.....of.	pho.	xo....... »
7. u.....vu.	fu.....uf.	phu.	xu...... »

8. a...............ca-

9. é...............fé......ca-fé.

10. è...............er......ver.

11. e...............xe......a-xe.

12. a...............sa-

13. o...............pho....sa-pho.

14. i......ic......víc-

15. i...............ti-

16. e...............me....vic-ti-me.

17. é.............. fé-
18. i.......ix....... lix...... fé-lix.
19. a............... pha-
20. e................ re....... pha-re.
21. i.......if...... vif..... vif.
22. i........il...... vil..... vil.

TABLEAU N.° 9. — Sons Simples.

1. o......or......cor.....cor.

2. a.......ar......bar-

3. e.............que....bar-que.

4. i............qui

5. a............va

6. à............là......qui va là ?

7. o......os......phos-

8. o.............. pho-

9. e................ re....... phos-pho-re.

10. a........ar....... car-.

11. e................ te....... car-te.

12. a .... qua-

13. o......or....... tor-

14. e................ ze....... qua-tor-ze.

15. è....... lè-

16. e................ ve...... é-lè-ve.

17. é............... vé-

18. i............... ri-

19. i............... di-

20. e............... que...... vé-ri-di-que.

21. i............... fi-

22. e............... xe....... fi-xe.

23. o.....ol....... vol...... vol.

TABLEAU N.º 10. — Sons Simples.

Faites remarquer la lacune devant *é , è , e , i.*

1. a......ga......ag.	gua	na.	gna.
2. o......go......og.	guo	no.	gno.
3. u......gu...... »	»	nu.	gnu.
4. é...... »...... »	gué.	né.	gné.
5. è...... » ...... »	guè.	nè.	gnè.
6. e...... » ...... »	gue.	ne.	gne.
7. i...... » ...... »	gui.	ni.	gni.

8. o............... do-

9. e............... gue..... do-gue

10. a.......ar...... gar-

11. e............... de...... gar-de.

12. i............... il

13. a............... ga-

14. e............... gne

15. e........... .....le

16. i.............. ci-

17. è.............. el........ il ga-gne le ciel.

18. é.............. gué-

19. i........ir....... rir....... gué-rir.

20. é.............. phé-

21. i.......ix....... nix...... phé-nix.

22. a.............. na-

23. a.......al....... val...... na-val.

TABLEAU N.° II. — Sons Simples.

Faites remarquer que devant *a*, *o*, *u*, on doit intercaler un *e*, pour rendre le *g* doux.

1. é............. gé............... jé	ché.
2. è.......... gè............... jè.	chè.
3. e.......... ge............... je.	che.
4. i.......... gi............... »	chi.
5. a.......... gea............... ja.	cha.
6. o.......... geo............... jo.	cho.
7. u.......... geü............... ju.	chu.

8. e................ce.......ce
9. i..............ri-
10. e.............che.....ri-che
11. a......ar......par-
12. a..............ta-
13. a..............ge......par-ta-ge
14. a..............sa.......sa
15. o.....or......for-
16. u.............tu-
17. e.............ne......for-tu-ne.

18. u............ju-

19. e............ge......ju-ge

20. è......ec......vec......a-vec

21. a............cha-

22. i............ri-

23. é............té......cha-ri-té

TABLEAU N.° 12 — Sons Simples.

1. a......ra......bra. pra. dra. tra. gra.

2. é......ré......cré, chré. fré, phrè. vré.

3. i......li......bli. pli. cli, chli. gli.

4. o......lo......flo, phlo.

5. a..............sba. sca. spha. spa. sta.

6. a......ab......abs.

7. o......ob......obs.

8. a......sa......psa.

9. é......ré......gré-

10. e......le......ble......a-gré-a-ble.

11. è...ec...pec...spec-

12. a............ta-

13. e......le......cle......spec-ta-cle.

14. a......ar......mar-

15. e......re......bre......mar-bre·

16. e......ré......fré-

17. i......ir......mir......fré-mir.

18. è............... chè-
19. e.......re......... vre...... chè-vre.
20. i............. il   il
21. o..ob..obs... s'obs-
22. i............... ti-
23. e............... ne...... s'obs-ti-ne.

TABLEAU N.º 13. —Sons Simples.

1. è......el....... quel   quel
2. è......er ..... cher   cher
3. i......ri...... bri   a-bri
4. e............. le   le
5. o......ro..... pro-
6. é............. té-
7. a............. gea..... pro-té-gea?

8. a.......ra....... fra-

9. è.......er....... ter-

10. e.......el....... nel.....fra-ter-nel.

11. a...as...las... blas-

12. è.... .... phè-

13. e........... . me..... blas-phè-me.

14. i.......is...... dis-

15. a.......ra...... gra-

16. e.............. ce....... dis-gra-ce.

3

17. u...ul...cul...scul-

18. u......tu...... ptu-

19. e................. re....... scul-ptu-re.

20. o...os...ros.. pros-

21. é .... pé-

22. i............... ri-

23. é............... té....... pros-pé-ri-té.

TABLEAU N.° 14. —Sons Simples (Récapitulation).

1. Res-pec-te le cul-te de la Di-vi-ni-té.
2. Il pra-ti-que-ra la jus-ti-ce; il ga-gne-ra le ciel.
3. Il se li-vre à la co-lè-re; il mar-che à sa per-te
4. Quel sûr a-bri te pro-té-gea? ma mè-re.
5. Ce vé-ri-ta-ble a-mi par-ta-gea ma dis-gra-ce.

6. La pros-pé-ri-té ne t'a pas for-mé.

7. L'ad-ver-si-té te sera une sû-re é-co-le.

8. Quel jo-li Ki-os-que !

9. Le na-vi-re qui va par-tir se-ra un a-gré-a-ble spec-ta-cle.

10. Ce bel ar-bre me se-ra cher ; il m'a ser-vi d'a-bri.

11. L'ad-ver-si-té é-lè-ve l'a-me.

12 Le Pè-re cé-les-te pro-té-ge-ra sa chè-re cré-a-tu-re.

13. Le ri-che cha-ri-ta-ble se-ra bé-ni·

14 Par-ce qu'il ju-gea a-vec cha-ri-té ,
   il se-ra ju-gé de mê-me.

15. La pri-è-re ra-ni-me l'a-me tris-te.

16. So-bri-é-té , vé-ri-ta-ble tré-sor.

17. Frè-re, a-mi fi dè-le.

TABLEAU N.º 15. — Sons Composés.

1. au..bau.	pau.	dau.	fau.	lau.. »
2. eu..beu.	peu.	deu.	feu...euf.	leu..eul.
3. ou..bou.	pou.	dou.	fou..ouf.	lou..oul.
4. an..ban.	pan.	dan.	fan.	lan.. »
5. in...bin.	pin.	din.	fin.	lin... »
6. on..bon.	pon.	don.	fon.	lon.. »
7. un..bun.	pun.	dun.	fun.	lun.. »
8. oi...boi.	poi.	doi.	foi...oif.	loi...oil.

9   ou............ lou-

10. an............ an-

11. e............ ge...... lou-an-ge.

12 au............ pau-

13. e......re...... vre..... pau-vre.

14. an............ lan-

15. e............ gue..... lan-gue.

16. eu............ peu-

17. e......le...... ple..... peu-ple.

18. oi......oil......poil.... poil.

19 oi............... boi-

20. e................ re...... boi-re.

21. eu............ peu.... peu.

22. ou.....rou..... trou-

23. e.....le...... ble..... trou-ble

TABLEAU N.º 16. — Sons Composés.

Faites remarquer que le *c* prend une cédille devant *a*, *o*, *u*.

1. eu..ceu,seu.. »	zeu.	meu.	xeu.
2. in...cin ,sin...ins.	zin.	min.	xin,inx.
3. au..çau,sau..aus.	zau.	mau.	xau.
4. ou..çou,sou..ous	zou.	mou.	xou.
5. an..çan,san..ans.	zan.	man.	xan.
6. on..çon,son..ons.	zon.	mon.	xon.
7. un.. » sun.. »	zun.	mun.	xun.
8. oi...çoi ,soi... »	zoi.	moi.	xoi.

9. in............lin-

10. eu. ...eul.....ceul.... lin-ceul,

11. on............ bon-

12. an.............dan-

13. e............ ....ce...... a-bon-dan-ce.

14. ou.....ous..... mous-

15. a.............. ta-

16. e............... che....mous-ta-che.

17. on.....ons.... mons-

18. e.......re.......tre...... mons-tre.

19. in............. ins-

20. i............... pi-

21. é............... ré....... ins-pi-ré.

22. e............... le-

23. on............. çon..... le-çon.

TABLEAU N.° 17. —Sons Composés.

Faites remarquer la lacune devant *e, i.*

1. au...cau... » quau, kau.	rau...aur.
2. ou...cou...ouc, qu'ou kou.	rou...our.
3. an.. can...anc, quan, kan.	ran... »
4. on...con...onc, quon, kon.	ron... »
5. un..cun.. » qu'un, kun.	run.. »
6. oi....coi.... » quoi, koi.	roi....oir.
7. eu... » euc, queu, keu.	reu...eur.
8. in... » inc, quin, kin.	rin... »

9. in.....inc.... zinc.... zinc.

10. in.....inq..... cinq... cinq.

11. a............... ta-

12. in .... quin... ta-quin.

13. i............... mi-

14. oi .....oir.... roir.... mi-roir.

15. an.....can.... scan-

16. a............... da-

17. e............... le....... scan-da-le.

18. au............au-

19. un............cun....au-cun.

20. ou.....ou.....bouc...bouc.

21. ou....our.....pour...pour.

22. è.......er.......ter-

23. eu....eur....reur... ter-reur.

TABLEAU N.° 18 — Sons Simples (Récapitulation).

1. Dé-jà l'on dan-se sur le pré fleuri, au son de la flû-te.

2. Or-dre, sour-ce de l'a-bon-dan-ce.

3. So-bri-é-té, mè-re de la san-té.

4 Ad-ver-si-té, le-çon.

5. Bou-che, es-cla-ve de la vé-ri-té.

6. Im-mor-ta-li-té, es-poir du jus-te.

7. I-gno-ran-ce, pau-vre-té de soi-mê-me, vé-ri-ta-ble in-fir-mi-té.

8. A-du-la-teur, cor-rup-teur.

9. Ca-lom-ni-a-teur, mons-tre in-di-gne de la pa-ro-le.

10. Au-mô-ne, por-te du ciel.

11. Sin-cé-ri-té, prin-ci pe de tou-te ver-tu.

12. Quel in-for-tu-né a-t-il con-so-lé?

13. Le jus-te re-di-ra pour l'é-ter-

ni-té la lou-an-ge du cré-a-teur
du mon-de.

14. Qu'au-cun scan-da-le ne pro-fa-ne
ta de-meu-re !

15. Que cha-cun té-moi-gne son a-mour
au Pè-re cé-les-te au-teur et cré-
a-teur de tou-te la na-tu-re !

16. Le pau-vre se con-so-le par la pri-
è-re et la dou-ce es-pé-ran-ce.

4

TABLEAU N.º 19. — Sons Composés.

Faites remarquer la lacune devant *e*, *i*.

1. au....gau ,	»	vau.	fau... »	phau.
2. ou....gou ,	»	vou.	fou...ouf,	phou.
3. an.....gan ,guan		van.	fan... »	phan.
4. on....gon ,guon		von.	fon... »	phon.
5. un....gun ,	»	vun	fun... »	»
6. oi......goi ,	»	voi.	foi....oif,	phoi.
7. eu..... » gueu.		veu.	feu...euf,	pheu.
8. in..... » guin.		vin.	fin.... »	phin.

9. eu............feu.....feu.

10. oi.....oif...... soif.....soif.

11 eu.....euf..... veuf.... veuf.

12. an............. san-

13. in........... .guin... san-guin.

14. on. .... con-

15. oi............... voi..... con-voi.

16. au.............. fau-

17. e............... te....... fau-te.

18. ou............. sou-

19. e............... ve-

20. i........ir...... nir......sou-ve-nir.

21. ou............. cou-

22. a............... pa-

23. e......le......ble.....cou-pa-ble.

TABLEAU N.° 20. — Sons Composés.

Faites remarquer que devant *a*, *o*, *u*, on doit intercaler un *e*, pour rendre le *g* doux.

1. eu...	geu ,	jeu.	cheu	neu.	gneu.
2. in...	gin ,	jin	chin.	nin.	gnin.
3. au...	»	jau.	chau	nau	gnau.
4. ou...	»	jou	chou	nou.	gnou.
5. an..	gean ,	jan.	chan.	nan.	gnan.
6. on...	geon ,	jon.	chon.	non.	gnon.
7. un..	»	jun.	chun.	nun.	»
8. oi....	geoi ,	joi.	choi.	noi.	»

9. ou.....our..... jour.... jour.

10. eu . ...euf....neuf...neuf.

11. in.............l'in-

12. i......ri......tri-

13. e...............gue ....l'in-tri-gue.

14. oi.....oir..... noir.... noir.

15. on.............. jon-

16. eu..eur..leur gleur.. jon-gleur.

17. é.............. ré-

18. u.............. pu-

19. an............. gnan-

20. e.............. ce....... ré-pu-gnan-ce.

21. eu............ gueu-

22. e............. le....... gueu-le.

TABLEAU N.° 21. — L Mouillé.

1. a.........ail , bail. tra-vail. ba-taill-e.
2. i..........il , pé-ril. fill-e. qua-drill-e.
3. eu......euil , deuil. feuill-e. feuill-a-ge.
4. ou.....ouil , gre-nouill-e. ci-trouill-e.
         bouill-on.

Diphtongues.

5. a.........ia , fia-cre. il é-tu-dia.
6. é.........ié , pié–des–tal. es-tro-pié.
         a-mi-tié

7 é..........iè, fier. vier-ge. cin-quiè-me.

8. i... ....ui, fuir. lui. ce-lui.

9. o.........io, vio-lon

10. an.....ian, vian-de.

11. in.....oin, join-dre. poin-te. loin.

12. in.....uin, juin.

13. on.....ion, pion. es-poin.

14. eu.....ieu, Dieu. lieu.

15. i.......oui, oui.

1. Gloi-re à no-tre chè-re Fran-ce !
2. Le sou-ve-nir de sa fau-te trou-ble le cou-pa-ble.
3. E-ter-ni-té, ter-reur du pé-cheur.
4. Dieu bé-ni-ra le tra-vail.
5. Di-vi-ne foi , for-ce in-vin-ci-ble.
6. Di-vi-ne es-pé-ran-ce , seul bau-me de la dou-leur.

7. Di-vi-ne cha-ri-té, seul a-mour
   é-ter-nel.
8. L'au-mô-ne sau-ve le pé-cheur.
9. Au-ro-re ra-dieu-se, ré-veil de chaque jour, sou-ri-re de la na-tu-re.

---

10. Ne de-man-de ni fa-veur ni gra-ce.
11. Ce-lui qui a l'a-me gran-de n'a que
    de la ré-pu-gnan-ce pour l'in-trigue.
12. Char-la-tan, jon-gleur; pu-blic
    du-pé.

13. La ba-taill-e é-prou-ve le cou-ra-ge.

14. La dou-ce et no-ble a-mi-tié par-ta-gea son ex-il.

15 Ce-lui qui tra-vaill-e a-vec cou-ra-ge pour sa fa-mill-e jou-i-ra de l'es-ti-me pu-bli-que.

1. ai...pour...é , j'ai-mai. je vi-vrai.

2. ei............... sei-gneur.

3. ed............... bled. pied.

4. ef............... clef. ef-fort.

5. er............... ro-cher. po-ta-ger.

6. et............... lui et moi.

7. ez............... nez.

8. ai...pour...è, j'ai-me. il ai-me. j'ai-
me-rai.

9. ei,..ey......... pei-ne. dey. a-beill-e.

10. ec.............. bec-que-ter.

11. egs............. legs.

12. el.............. bel-le. nou-vel-le.

13. er.............. mer. ver-tu.

14. es............ ... res-té. cé-les-te. es-ti-me.

15. est............ il est bon.

16. et............. cas-quet-te, il jet-te.

17. ent...pour...e , ils ai-ment. il prient.

18. eau..pour..au , dra–peau , nou-veau.

19. œu..pour..eu , vœu. œuf. cœur.
20. ei ,..œil ,........ or–gueil. œil.

21. y....pour....i , ly–re.

1. am..pour..an , jam-be. cham-bre.
2. en............... in-dul-gen-ce. pru-
   den-ce.
3. em............... tem-pé-ran-ce. tem-
   pê-te.

4. en...pour...in , bien. eu-ro-pé-en.
5. im............... im-por-tan-ce.
6. yn ,..ym........ lynx. sym-pho-nis-te.

7. ain ,..aim...... pain , faim.

8. ein............... sein , pein-tu-re.

9. om...pour...on, bom-be, tom-beau.

10. eun....pour....un , jeun.

11. um............. par-fum.

12. y...pour...deux.i , rayon (rai-ion)
                        voy-a-ge.

13. s....pour....z, j'o-se, mai-son, poi-son.

14. t.............s , ra-tion , por-tion.

15. ch...pour...c, cha-os, Christ.

16. d............t, grand (*) a-mi.

17. g...........k, rang é-le-vé.

18. x............z, mieux a-vi-sé.

Emploi du tréma.

19. Mo-ï-se, I-sa-ïe, ga-ge-ü-re.

20. pa-ïen, pa-ro-le am-bi-gü-e.

(*) Faites observer la liaison et les suivantes.

1. Vi-vre, c'est croi-re en Dieu, c'est es-pé-rer en Dieu, c'est ai-mer Dieu.
2. Ma ly-re re-di-ra la bon-té du Sei-gneur.
3. Dieu lui-même par-la à Mo-ï-se.
4. Vier-ge sain-te, mè-re de Jé-sus cru-ci-fié, pri-ez pour l'in-for-tu-né.
5. Mon cœur est au Sei-gneur mon Dieu.

6. La cha-ri-té est le sou-ve-rain bien au ciel et sur la ter-re.

7. Un rang é-le-vé ne pré-ser-ve ni de la dou-leur phy-si-que ni de la dou-leur mo-ra-le.

8. Rien n'est beau que le vrai ; le vrai seul est ai-ma-ble.

9. Le mé-ri-te du nou-veau est de pou-voir vieill-ir.

———

10. La pru-den-ce é-vi-te le dan-ger.

11. La gre-nouill-e or-gueill-eu-se s'en-fla et cre-va.

12. Mon grand a-mi, c'est mon frè-re.

13. Ver-tu ter-res-tre, om-bre de la gloi-re de Dieu.

14. L'a-beill-e est pa-tien-te.

TABLEAU N.º 26. — Lettres nulles pour la prononciation.

Faites remarquer qu'elles sont penchées.

1. H MUETTE. Il s'*h*a-bill-e, l'*h*é-ro-ïs-me t*h*é-à-tre, r*h*i-no-cé-ros, bon-*h*eur.

2. H ASPIRÉE. un hé-ron, le ha-meau.

3. a. Il se pl*a*in-dra.

4. e, es. La joi*e*, les joi*es*, p*e*au, s*e*in, à j*e*un, la vu*e*, les vu*es*, la vi*e*, les vi*es*, la jour-né*e*, les jour-né*es*, r*e*s-sen-tir, s*e*oir, Ca*e*n.

5. o. Pa*o*n.

6. b, bs. Le plom*b*, les plom*bs*

7. p, ps. Le dra*p*, les dra*ps*, le lou*p*, les lou*ps*, il a*p*-por-te, tu rom*ps*, le tem*ps*.

8. c, cs Le ta-bac, les ta-ba*cs*, a*c* croî-tre.

9. d, ds. Il ren*d*, tu ren*ds*, le ni*d*, il per*d*.

10. g, gs. Le poin*g*, les poin*gs*, lon*g*, a*g*-gra-ver.

11. t, ts. Le cha*t*, les cha*ts*, la mor*t*, les mor*ts*, a*t*-ti-rer, il ac-quier*t*.

12. l, ls Al-lu-mer, tran-qui*l*-le, le pou*ls*.

13. r. A*r*-ri-ver, il pou*r*-ra.

14. s. Les ro-cher*s*, s'as-seoir, *scien*-ce.

15. x, lx. Les trou-peau*x*, la fau*lx* de la mor*t*, la per-dri*x*, mieu*x*.

1. pt , pts. Il est exem*pt* , ils sont exem*pts* , il in-ter-rom*pt*.

2. gt , gts. Un doi*gt* , deux doi*gts*.

3. m. Po*m*-me , fla*m*-me , con-da*m*-ner , co*m*-men-cer.

4. n. To*n*-neau , a*n*-non-cer ba*n*-nir.

5 nt, ent. Ils se noi*ent*, ils ren-voi*ent* , ils é-tai*ent*, ils avai*ent*, ils s'é-ga-re*nt*

(Récapitulation).

6. Re-mets dans leur che-min les voy-a-geurs qui s'é-ga-rent.

7. Gué-ris la plaie, a-vant qu'el-le soit (*) en-ve-ni-mée.

8. Il faut ê-tre plus prompt à a-pai-ser un res - sen - ti - ment qu'à é-tein-dre un in-cen-die.

9. Il n'est pas dif-fi-ci-le de blâ-mer

(*) Faites observer la liaison, ainsi que les suivantes.

les dé-fau*ts* des au-tre*s*; la di*f*-fi-

cul-té est de se co*r*-ri-ger des sien*s*.

10. *S*cien-ce s'ac-quier*t* a-vec pa-tien-ce.

11. Par-lon*s* peu, é-cou-ton*s* beau-cou*p*.

12. Les pau-vre*s* ne son*t* pa*s* ceu*x* qui

ont peu, mai*s* ceu*x* qui dé-si-

re*nt* beaucou*p*.

13. U-ne pa-ro-le vau*t* un con-tra*t*.

14. Qui a–chè–te ce qu'il ne peu*t*, ven*d*
plu*s* tar*d* ce qu'il ne veu*t*.

15. La–bou–r*e* pro–fon–dé–men*t* , tu
re–cueill–e–ra*s* a–bon–da*m*–men*t*.

16. Il vau*t* mieu*x* ê–tre seul qu'en mau-
vai–s*e* com–pa–gni*e*.

17. A–van*t* que tu con–sul–te*s* ta fan-
tai–si*e*, con–sul–te ta bour–sé.

18. Quand on dé-pen-se tout le lun-di,
    on jeû-ne le res-te de la se-mai-ne·
19. Il n'y a pas de sots mé-tiers, il n'y
    a que de sot-tes gens.
20. O-bé-is-san-ce con-duit à la scien-
    ce, à la sa-ges-se, au bon-heur
    et à la gloi-re é-ter-nel-le.
21. La pa-res-se che-mi-ne si len-te-
    ment que la pau-vre-té ne tar-de
    pas à l'at-tein-dre.

22. La droi-tu-re est le plus court chemin ; la ru-se est le plus long.

23. *H*eu-reu*x* ceu*x* qui on*t* le cœur pur ! car il*s* ver-ron*t* Dieu.

24. Ceu*x* qui on*t* le mal en eu*x*, le voi*ent* par-tou*t*.

FIN.

Ouvrages et tableaux du même auteur.

———◆———

PREMIÈRE LECTURE AGRÉABLE ET FACILE, à l'usage des écoles primaires, par Ed. Gachet, in-12.

MORALE PRATIQUE de l'écolier, par Ed. Gachet, en six tableaux. Écrits par Schodet, à l'usage des cours supérieurs d'écriture, dans les maisons d'éducation.

28 TABLEAUX extraits de la méthode de lecture de M. Gachet, principal.

9 TABLEAUX prières chrétiennes, etc., imprimés en gros caractère.

Ces neuf Tableaux contenant l'oraison dominicale; la salutation angélique; le symbole des apôtres; les commandements de Dieu et de l'église; la confession des péchés; les actes de foi, d'espérance, de charité et de contrition; un abrégé de la morale chrétienne.

www.ingramcontent.com/pod-product-compliance
Lightning Source LLC
Chambersburg PA
CBHW071246200326
41521CB00009B/1643